妈妈和我
手工

马蕴 译

中国大百科全书出版社
Encyclopedia of China Publishing House

Original Title: Mummy & Me Craft
Copyright © 2014 Dorling Kindersley Limited,
A Penguin Random House Company

北京市版权登记号：图字01-2018-0297

图书在版编目（CIP）数据

手工 / 英国DK公司编；马蕴译. — 北京：中国大百科全书出版社，2019.1
（DK妈妈和我）
书名原文：Mummy & Me Craft
ISBN 978-7-5202-0349-4

Ⅰ.①手… Ⅱ.①英… ②马… Ⅲ.①手工艺品—制作—儿童读物 Ⅳ.①J539-49

中国版本图书馆CIP数据核字（2018）第209721号

译　　者：马　蕴

策　划　人：武　丹
责任编辑：吴　宁
封面设计：袁　欣

DK妈妈和我　手工
中国大百科全书出版社出版发行
（北京阜成门北大街17号　邮编 100037）
http://www.ecph.com.cn
新华书店经销
北京华联印刷有限公司印制
开本：889毫米×1194毫米　1/16　印张：15
2019年1月第1版　2019年1月第1次印刷
ISBN 978-7-5202-0349-4
定价：168.00元（全3册）

A WORLD OF IDEAS:
SEE ALL THERE IS TO KNOW

www.dk.com

目录

5、4、3、2、1，点火！

简介

通过这本书，你将了解手工材料（如羊毛、纸张等）的特性，并学会如何选择。此外，你将了解它们从何而来，并且享受用它们做手工的乐趣。

准备开始

1 事先读懂操作说明。

2 把所需材料集中到一起。

3 保护好桌面——使用颜料和胶水的时候，要先在桌上铺好塑料桌布或报纸。

4 准备好抹布，用以擦去桌上的污渍。

5 系上围裙，扎好头发。

6 确保室内通风良好，尤其是在使用颜料和胶水的时候。

7 使用针、线和大头针时要格外小心。

8 使用颜料和胶水后要洗手。

⚠️ 安全提示

书中所有的活动都要在家长的监护下完成。当你在书中看到三角形警示标志时要特别小心，因为这些活动需要用到热锅或锋利的工具，应在家长的协助下完成。使用颜料和胶水的时候，请务必遵守操作说明。

纸很神奇，你能用它们制作很多有趣的手工作品，比如纸珠项链、纸船、纸风车和风向标。

什么是纸？

纸的用途广泛，我们常在纸上写字、画画。你想过纸是从哪儿来的吗？它们不是长在树上的，而是用树木制成的。

纸可以循环利用，这意味着它们可以从旧变新，再次使用。

再生纸可以生产很多种纸制品，如蛋托（见第50~51页，用蛋托制作的漂亮手工作品）。

回想一下你每天能接触多少种纸？报纸、纸巾、包装纸、卫生纸、卡片、杂志、书、纸币、牛油纸、地图、糖纸……数不胜数。纸无处不在！

怎样造纸？

树

砍伐树木并截去树枝。

在造纸术发明以前，人类在石头、兽皮、棕榈叶和布帛上写字。

造纸厂

在造纸厂，工人将树皮从原木上剥离下来后，将原木粉碎，再加入水和化学品，使之形成黏稠的纸浆。

纸浆经过脱水、压光、卷纸、裁切变成纸卷，就可以送去商店了。

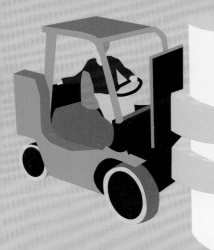

巨大的纸卷

纸最早由古埃及人发明。他们用一种叫作纸莎草的植物做出了最古老的纸，这种纸也因此被命名为莎草纸。

狮子面具

用纸盘、黄色颜料和彩色卡片做个狮子面具吧！这个面具做起来很容易，只要按照书中的步骤制作，你马上就能戴上它，扮成威风凛凛的狮子了。

请家长照着第78页的模板剪。

母狮没有鬃毛。如果你要做的是母狮面具，则不用在面具边缘粘拉菲草绳。

如果没有拉菲草绳，可以把棉纸撕成长条代替。

所需材料：

- 描图纸
- 铅笔・剪刀
- 彩色卡片（黄色、米色、棕色和深棕色）
- 纸盘・画笔
- 黄色丙烯颜料
- 黑色水彩笔
- 拉菲草绳
- 松紧带
- 白乳胶

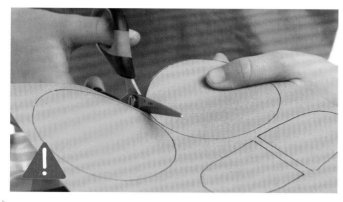

1 照着第78页的模板在描图纸上描出形状，剪出纸样。把纸样放在卡片上描画，剪出相应的形状。

2 在纸盘背面涂上黄色颜料，等颜料晾干。如图所示，沿着纸盘边缘剪下一些小三角形，直到纸盘3/4的边缘都布满开口。

3 把眼睛卡片放在纸盘上，沿着卡片内圈画两个圆，然后请家长把这两个圆小心地剪去。

4 把拉菲草绳剪成小段，并用白乳胶粘在之前剪出开口的纸盘边缘，然后在纸盘边缘没有开口的位置（狮子下巴）也粘上一簇拉菲草绳。

5 做鼻子：把鼻子卡片下部带圆弧的部分向上折起大约1厘米，再沿中线对折，然后把卡片打开。

6 在狮子的脸颊卡片上点些黑色圆点，然后在纸盘上粘上代表狮子耳朵、眼睛、脸颊、嘴巴以及鼻子（只在鼻子上部涂少量白乳胶）的卡片。

7 请家长在面具两侧各扎一个小洞，穿上松紧带并打结。

更多动物面具

你可以做出各种各样的动物面具，然后戴上它们，把自己扮成一只奇异的鸟或者精力充沛的兔子。心动了吗？尽情发挥你的想象力吧！

如果没有彩色羽毛，可以用彩色棉纸制作这种绚丽的鸟面具。面具不一定是圆的，大胆尝试不同的形状吧！

如果没有松
紧带，无法把面具
系在头上也不要紧，
你可以把面具粘在
一根长棍上。

你需要两个纸
盘、毛毡、拉菲草
绳、白纸和一个绒球来制
作这个可爱的兔子面具。
你可以用现成的绒球，也
可以自己做一个，制作
方法见第26~27页。

大多数的折纸手工都会用到正方形的纸。

纸风车

哇！你和你的小伙伴们人手一支这种奇妙的纸风车。把纸风车拿到户外，看着它们在风中旋转吧！

所需材料：

- 一些彩色的正方形的纸
- 剪刀·小棍子·图钉

折纸手工是一种把纸折成各种创意形状的艺术。

用糖纸制作的可爱的迷你风车。

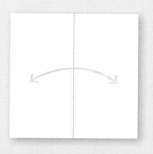

1 将一张正方形的纸左右对折后展开。

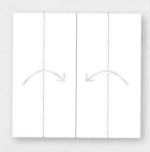

2 如图所示，将纸的左右两边折向中线。

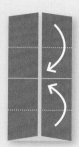

3 将长方形的纸上下对折后展开，然后把它的上下两边折向新产生的折痕。

4 将正方形的纸沿对角线对折后展开，再沿另一条对角线对折后展开。而后把纸上下展开成长方形。

5 将食指插进纸的下部两侧，大拇指放在纸的背面，其余指头按住纸的中部。轻轻地向左右两侧推，使纸的下半部分变成船形。

6 按住船的中部并压实折痕。

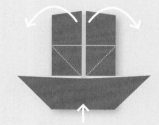

7 纸的上部也按步骤5和6操作。

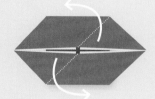

8 将位于左下方的三角形向下折，位于右上方的三角形向上折。

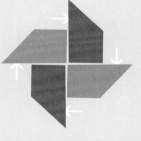

9 用手指整理，使风车的每个角都对齐。

10 剪出一大一小两个圆纸片，把它们摞在风车的中心，请家长把做好的风车钉在一根小棍子上。

对着风车吹气，看着它快速旋转。

11

鱼鳞

鱼尾

鱼鳍

奇异的小鱼
风向标

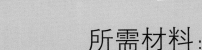

你需要很多张锡箔和棉纸来制作这个闪闪发光的小鱼风向标。做好以后别忘了把你的小鱼朋友带到户外，看着它在微风中"游动"吧！

所需材料：

- 彩色锡箔（剪出14片直径7厘米的半圆形鱼鳞）
- 彩色棉纸（剪出14片直径7厘米的半圆形鱼鳞、8片长20厘米的长条形尾鳍和4片胸鳍）
- 剪刀 · 厨房纸的纸筒
- 双面胶 · 胶棒
- 白纸 · 黑色水彩笔
- 小棍子 · 绳子 · 胶带

1 请家长将厨房纸的纸筒剪成两半。用其中一个纸筒的一端做鱼尾，在它的内侧贴一圈双面胶。

2 在鱼尾的外侧涂一圈胶。

3 把用锡箔和棉纸剪成的半圆形鱼鳞交错着贴在纸筒上，并且保证鱼鳞之间略微重叠。

4 在纸筒上涂胶，贴上更多的鱼鳞。每排鱼鳞之间也要略微重叠，直到纸筒被贴满。

5 做鱼眼睛：在白纸上画两个小圆并把它们剪下来，然后在圆纸片的中心各点一个黑点，把它们贴在鱼头两侧。

6 通过双面胶将彩色长条形尾鳍贴在鱼尾内侧。在鱼身两侧贴上胸鳍。

设计一个属
于你自己的独一无二
的风向标吧！你可以用
水彩笔、铅笔、蜡笔或颜
料在白纸上设计图案，
然后把它们贴在纸
筒上。

在小棍子的一端系上一根60厘米长的绳子，然后把绳子的两端用胶带固定在鱼嘴内侧。现在，带着你的小鱼去放风，看着它们在风中畅游吧！

漂亮的纸珠

把三角形的纸卷成独特的纸珠吧。你可以用五颜六色的纸做出漂亮的纸珠项链和手链。准备好了吗？开始动手吧！

只需要一点胶和一根棒针就能做出纸珠。

你可以使用旧广告彩页、海报或壁纸。

给做好的纸珠刷上清漆，让它们既闪亮又结实。

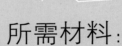

所需材料：
- 杂志·彩纸或包装纸
- 尺子·铅笔
- 剪刀
- 棒针或木扦子
- 胶棒·闪光胶
- 弹力线
- 塑料珠子

在用纸剪出许多三角形以前，先用选好的纸试做一个珠子，看看它是不是你想要的样子？

1 在选定的纸上用尺子画出很多个底边长 3 厘米、侧边长 30 厘米的等腰三角形，然后用剪刀小心地把它们剪下来。

2 用三角形的底边包住棒针卷两圈，然后在纸的剩余部分涂上胶。

3 继续滚动棒针，将纸全部卷起来，注意边卷边把纸压实。

4 把做好的纸珠从棒针上取下来，放在一旁晾干。在做下一个纸珠前，记得把棒针和你手上的胶擦干净。

5 等纸珠晾干以后，在废纸上挤些闪光胶，把每个纸珠都放在闪光胶上滚一圈，闪闪发亮的纸珠就完成了。

6 一旦你开始制作纸珠就停不下来了，因为这实在太有意思了！做出很多纸珠，然后翻到第 19 页，学习用它们制作奇妙的手链吧。

你可以在项链和手链上加一些彩色的塑料珠。

只需用丝线把纸珠穿起来，再给丝线打结，便可以制作出长短不同的项链。把它们全部戴上，很酷吧！

参照下一页，制作一串漂亮的纸珠手链吧。

纸珠手链

1 把弹力线对折后往手腕上缠一圈，看看长度是否合适。然后将弹力线的两端分别穿过纸珠的两端。

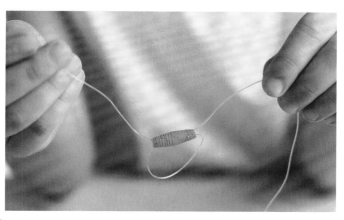

2 将弹力线的两端向左右两侧拉紧，直到纸珠被固定。

3 用这种方法在弹力线上继续穿纸珠，直到弹力线几乎被穿满。

4 用弹力线的两端分别再次穿过第一颗纸珠的两端，最后给弹力线打结，确保系牢。

纸

自制糨糊
如果没有墙纸胶，可以用自制糨糊代替。请家长按照以下步骤操作。你需要准备1杯面粉和3杯水。

1 往平底锅里倒入一杯面粉和一杯水，并搅拌均匀。

2 把剩余的水也倒入锅里，加热煮沸并不停搅拌。

3 把做好的糨糊倒进碗里凉一凉。

章鱼奥利

旧报纸也能玩出新花样，比如用它们做一个章鱼奥利的纸模。真正的章鱼生活在大海里，但奥利更喜欢住在你的卧室里。

所需材料：
- 剪刀 • 报纸 • 红色棉纸
- 充好气的气球 • 双面胶
- 罐子 • 凡士林 • 画刷
- 自制糨糊或墙纸胶
- 细铁丝 • 白纸
- 黑色水彩笔
- 蓝色棉纸（剪出大约60张小圆纸片）

把报纸剪成很多个正方形和长条形，再把红色棉纸剪成很多个正方形。准备好了吗？

1 用双面胶把气球固定在罐子上，然后在气球表面涂满凡士林。用画刷在正方形的报纸上涂满糨糊，而后把它们贴在气球上，直到气球上差不多贴满4层报纸。

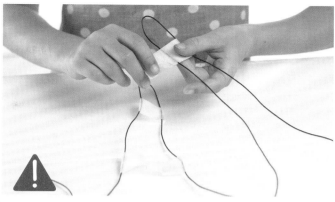

2 把气球放在一边晾干。请家长剪8根25厘米长的细铁丝，把它们折成章鱼触手的形状，并用双面胶固定。

3 用双面胶把触手固定在气球上。在长条形报纸上涂满糨糊，并把它们缠在触手上，直到每条触手上都缠满报纸。

4 接下来，将剪好的红色棉纸贴满章鱼全身。

给奥利
贴上眼睛

5 做眼睛：从白纸上剪下两张长10厘米、宽7厘米的椭圆形纸片，在上面画出黑色的瞳孔。

6 把蓝色的小圆纸片贴在章鱼身上，等待晾干。

7 把章鱼翻个儿，剪掉气球嘴，给气球放气，最后拿走气球，大功告成！

奥利的小鱼朋友们

将细铁丝折成小鱼的形状，然后粘上长条形报纸，最后给它们涂上颜色，或者在鱼身上贴满漂亮的糖纸。

为奥利创造一个到处都是小鱼朋友的海底世界吧！

你可以用碗代替气球来制作螃蟹，也可以用细铁丝折出海星的形状，或者任何你喜欢的海洋生物，尽情创造吧！

请家长帮忙在章鱼头顶钻一个小孔，用毛线穿过小孔，把章鱼挂在架子上。

除了报纸，杂志、漫画书、糖纸、广告传单和信封也可以用来做纸模。

什么是羊毛？

羊毛取自绵羊身上，数千年来被广泛使用，可以做成衣物，让我们保持温暖和干爽。由于羊毛具有一定隔水性，并且不易燃，它还是制作消防防护服的理想材料。

从一只绵羊身上单次剃下的毛最多可以织成8件羊毛衫。

你根本找不到任何一只长着亮粉色毛的绵羊。羊毛很容易上色，可以染成各种亮丽的颜色。

对地球来说，羊毛是有益的，因为它可以降解。这意味着羊毛不会污染环境。

一个熟练的工人不到5分钟就能剃完一只绵羊。

每年春天，绵羊都会经历一次戏剧性地"理发"——它们的羊毛会被剃光。为了完整地剃下一整团羊毛，工人必须把绵羊固定好，同时小心不弄伤绵羊的皮肤。

先用水清洗剃下来的羊毛，去掉上面的污垢。然后把羊毛放进梳理机中梳理，并进一步去除污垢。

未经加工的羊毛既柔软又蓬松。

现在基本都使用大型纺织机来纺毛线，但也有一些人仍在使用传统纺车手工纺毛线。

工厂里的纺织机能将羊毛拉直并绞成长长的一股，即毛线。之后，毛线就可以编织成其他东西了。

羊毛既可以保持原本的颜色，又可以染成各种各样的颜色。

蓬蓬的绒球

那些因太短而不能用于编织的线头，可以用来做成可爱的绒球。制作这些毛茸茸的小东西实在太有成就感了，以至于一旦你做好一只，就停不下来了！

比照着CD光盘，剪两张圆形纸板，并且在它们的中间剪出一个圆洞。如图所示，在纸板边缘剪个开口。

纸板的大小决定了绒球的大小，直径约10厘米的纸板就挺合适的。

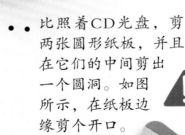

所需材料：

- 硬纸板 · 铅笔
- 小绒球 · 剪刀
- 眼睛贴 · 毛线
- 布料胶水

1 把两张光盘状的纸板摞在一起，然后把毛线的一端系在纸板上。

2 如图所示，将毛线一圈一圈地缠在纸板上。用的毛线越多，做出来的绒球就越饱满。

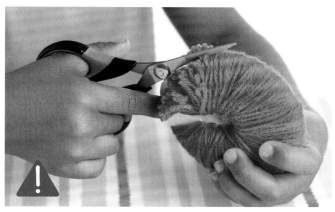

3 一只手牢牢握住纸板，另一只手把剪刀插进两张纸板之间，小心地沿着纸板外缘剪断毛线。

4 在两张纸板间系上一根毛线，以固定绒球。

5 小心地撤走纸板，然后剪去多余的线头。

6 修剪并整理毛线，使绒球变得蓬松。最后在其上粘两个小绒球，再贴上眼睛。大功告成！

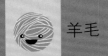
绒球动物
大聚会

你可以用绒球创造出各式各样奇形怪状又有趣的动物形象。准备好毛毡、纸板和眼睛贴，现在就开始吧！

吱吱！用毛线编一根细细的麻花辫，作为这只可爱的绒球老鼠的尾巴吧。

用布料胶水把一个
小绒球粘在一个大
绒球上，做成这只
可爱的兔子。

如果没有毛
毡，可以用彩色卡
片代替。先剪卡片，
然后用胶水把它们
粘在绒球上。

在绒球上粘些五彩
缤纷的羽毛，就做
成了一只讨人喜欢
的绒球小鸟。

给绒球加上一对用毛根
做的触角和一双用毛毡
做的脚，一只小怪物就
做好了。

29

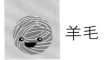 羊毛

纸盘编织

用一个纸盘和彩色线头能做出很棒的编织工艺品。编好的东西依照尺寸，可以当作色彩斑斓的杯垫、漂亮的壁挂或工艺摆件。

如果你没有绣花针，可以用回形针代替。

你还可以把绳子、塑料袋和旧T恤衫剪成长条用来编织。

所需材料：

- 纸盘 • 铅笔
- 尺子 • 木扦子
- 剪刀 • 针
- 毛线

编好以后，剪断线头并打结。

多大的纸盘都可以。

像这种用来搅拌饮料的塑料棒也可以当编织工具。

1 用尺子将纸盘分成16等份。如图所示，沿着纸盘边缘小心地剪掉16个三角形。

2 请家长用木扦子在纸盘中心穿一个小孔，然后通过小孔，从纸盘背面引一根毛线到纸盘正面。

3 依照纸盘上的等分线钩毛线，每钩好一部分，就用线穿过小孔。继续钩，直到每条等分线上都钩好毛线，在纸盘背面给毛线打结。

4 剪一小段毛线，用它把纸盘上相邻的任意两根毛线绑在一起，这样纸盘被分成了15份。开始编织吧！

5 纫好毛线后，将针从纸盘背面穿过中间的小孔。如图所示，先把针从任意一根毛线的下方穿过，再从相邻毛线的上方穿过，依次穿过纸盘上的全部毛线，然后继续。

6 更换毛线的颜色，将另一种颜色的毛线的一端系在之前毛线的尾端，继续编织。当整个纸盘都编满毛线时，把线头系在任意一根毛线上，再藏进编织品里。

来编一个大的吧!

用呼啦圈做外框来编一个大的吧!这时最好使用粗毛线,把两股毛线拧在一起,做成更粗的毛线,准备开始吧。

上

下

下

下

上

用呼啦圈做外框完成的编织品可以作为舒适的小地毯。你也可以编两块,然后把它们缝在一起,做成漂亮的垫子套,用来装饰房间。

怎样用呼啦圈编织？

1 首先把 8 股毛线绑在呼啦圈上，这样呼啦圈就被分成了 16 等份。把所有毛线的交点绑在一起，这样呼啦圈上就有了 16 个毛线圈。

2 用胶带将毛线圈固定在呼啦圈上。

3 如图所示，用线头把其中一个毛线圈绑在一起，这样呼啦圈上就只剩 15 个毛线圈了。

4 同纸盘编织的方法类似，把毛线固定在一个大回形针上，而后让回形针在毛线圈间上下穿梭进行编织。

5 编好以后，剪断毛线圈并打结。

通过编绳器上的这些金属头来编毛线绳。

任何颜色的毛线，甚至线头都可以编成长长的带条纹的毛线绳。

娃娃编绳器

这个伶俐的娃娃很擅长编织。在你的帮助下，她能编出多彩的毛线绳。你可以用这些毛线绳为自己和小伙伴制作很多漂亮的东西。

用编织针把毛线缠绕在金属头上。

好像施魔法一样，美丽的毛线绳从娃娃的脚底源源不断地出现。

所需材料：
• 彩色毛线 • 剪刀
• 娃娃编绳器
• 编织针

1 将一根毛线从娃娃编绳器的中间穿过，在编绳器的底部留出大约 10 厘米的线头。然后把毛线绕在一个金属头上。

2 依照顺时针或逆时针的顺序，如图所示，用毛线依次缠绕剩余的金属头。

3 把毛线绕回第一个金属头的外侧。

4 现在可以开始编毛线绳了。用编织针将第一个金属头上位于下方的毛线圈挑出。

5 挑高这个毛线圈，让它翻过金属头，这样第一针就完成了。用毛线绕过下一个金属头的外侧，然后挑起毛线圈，让它翻过金属头，继续。

6 当你钩完 4 针后，拉一拉位于编绳器底部的线头。慢慢地，编好的毛线绳就从娃娃的脚底伸出来了。

收尾

1 把你编好的最后一针套在下一个金属头上，而后挑起这个金属头上原有的毛线圈，将它翻过金属头。

2 重复上一步，直到编绳器上只剩一个毛线圈。

3 用编织针挑起这个毛线圈，并把它弄大。

4 剪断毛线，将线头穿过毛线圈并拉紧，最后打结，毛线绳就编好了。

可爱的设计

你一定会乐此不疲地用编好的毛线绳去创造各种可爱的东西，像钱包、花瓣、笔筒。你可以做出很多东西呢！

盘花

1 做花心：把长约11厘米的毛线绳卷起来，并用针固定。从背面把花心缝在一起，缝好以后抽出针。

2 做花瓣：首先编好一根长约55厘米的毛线绳，用它做成花瓣的形状，并用针将花瓣固定在花心上。然后从背面把它们缝在一起，缝好以后抽出针。

你可以在盘花的背面缝上别针，然后把它们别在你的帽子和外套上。

笔筒

用线头编成长长的五颜六色的毛线绳，然后请家长把毛线绳缠在玻璃罐上并粘好。你可以把画笔和铅笔放进这个新颖的罐子里。

纽扣花

1 做纽扣花以前要先编一条长约40厘米的毛线绳。把毛线绳折成花朵的形状，并用针固定。

2 从背面把花瓣缝在一起，缝好以后抽出针。

3 在花朵的中心缝上一颗色彩鲜艳的扣子。

做这种钱包可是一个很耗时的大工程，因为你需要先编好长长的毛线绳。一旦完工，你会发现所有的付出都是值得的，因为这个钱包真的很漂亮！

在钱包上缝一个扣子和一个扣环，以保障财物安全。

漂亮的钱包

1 编两根长1.6米的毛线绳。先把其中一根盘成圆盘，并用针固定。

2 从圆盘的背面把它缝在一起，这一面会成为钱包的内侧。缝好以后抽出针。另一根毛线绳也同样处理。

3 把两个圆盘不带缝线的一侧相对叠放在一起，将边缘对齐。把它们缝在一起，只在上端留出一个开口。然后把钱包从里到外翻个儿，这样所有的缝线就都被藏在钱包里了。

4 再编一根毛线绳做带子，长短均可。把带子两端分别缝在钱包开口两端的里侧。

什么是颜料？

想象一下没有颜料的世界，一定是非常无趣的。数千年来，人们一直在用颜料为洞穴、画布和高楼大厦等事物上色。

颜料是怎样做出来的？

颜料中的两个主要成分是色料和黏合剂。色料决定了颜料呈现的颜色，黏合剂决定了颜料的质地。把色料和黏合剂混合在一起，然后倒进搅拌机里搅拌均匀，就制成了颜料。

色料被粉碎。

用一些漂亮的色料分别与黏合剂混合，

红赭石是地球上的一种天然色料。在石器时代，人们用它混合泥土、唾液和动物油脂，创造出了颜料。

洞穴壁画

最早的图画创作于洞穴的石壁上。那时还没有画笔，人们用指尖、青苔、小树枝、羽毛和中空的骨头画画。

如果你最喜欢的颜料用完了，不要沮丧。你知道吗？混合任意两种原色（红色、黄色、蓝色），你就能创造出另一种全新的颜色。

紫色

橙色

绿色

把混合好的颜料装进颜料管，尽情玩耍吧！

用贴纸设计
的T恤衫。

用遮蔽胶带设
计的T恤衫。

设计T恤衫

把一件素色的T恤衫变成独一无二的原创T恤
衫吧！你只需要胶带、贴纸、颜料，外加一
点想象力。

使用有趣的星
星贴纸。

所需材料：

- 素色T恤衫
- 遮蔽胶带・剪刀
- 织物颜料・海绵
- 贴纸・熨斗

任何颜色的T恤衫
都可以，只要是
素色的就行。

把海绵剪成小块，再
把颜料挤在铝箔托盘
上，用海绵蘸取颜
料，开始涂色吧！

用遮蔽胶带设计的T恤衫

1 把T恤衫铺平，然后依照你喜欢的样式，把遮蔽胶带贴在T恤衫上。

2 用海绵蘸取织物颜料，并在胶带及其四周涂色。

3 待颜料晾干后，小心地揭下胶带。

4 把T恤衫里外翻个儿，请家长用熨斗熨烫带颜料的地方进行固色。

用贴纸设计的T恤衫

1 按照你喜欢的样式将贴纸贴在T恤衫上。

2 用海绵在贴纸上及其四周涂抹颜料，然后等待颜料晾干。

3 揭下贴纸，把T恤衫里外翻个儿，最后请家长熨烫带颜料的地方。

如果你还没想好在T恤衫上弄什么图案，可以先在纸上试一试。

用遮蔽胶带或贴纸设计的T恤衫是一份很棒的原创礼物。你可以把它送给特别要好的朋友。

大发现！

揭开T恤衫上的胶带或贴纸的那一刻，真
是非常惊喜、兴奋且乐趣多多！

在揭开胶带或贴纸前，
先确定颜料已经干透。

你如果不住在海边，可以从工艺品商店购买石头。

石头彩绘

石头能变成妙不可言的艺术品！你可以把它们变成昆虫，或者在上面画出各种漂亮的图案。把它们放在你的书桌上、书架上，或者用它们当镇纸。

你可以用细毡尖笔或画笔在石头上画出细节。

所需材料：

- 干净又干燥的石头
- 丙烯颜料·画笔
- 清漆或白乳胶
- 毡尖笔

选择五颜六色的丙烯颜料，开始画吧！

1 你可以在石头上画出任何你喜欢的图案。如果你想把石头变成一只可爱的瓢虫，请按照以下步骤操作。先给石头涂上底色，用白色打底就很不错，这样你画上去的图案会很醒目。

2 等底色变干以后，把石头表面的 3/4 涂成红色，待颜料变干。

3 把剩余的 1/4 涂成黑色，然后在石头上画一条黑色的中线。别忘了给你的瓢虫画上黑色的斑点、两只黑色的眼睛，以及一张微笑的嘴巴。

4 等颜料干透以后，刷上清漆，石头瓢虫就会变得既漂亮又有光泽。如果没有清漆也不要紧，你可以用白乳胶混合少量水代替。

聚苯乙烯版画

比萨饼的包装盒很适合做版画的材料。

漂亮的版画、可爱的版画、疯狂的版画、奇异的版画——无论你此刻是什么样的心情，都能通过创作一幅令人惊奇的版画来反映！

一幅可爱的小猫版画是送给好朋友最好的礼物。

1 用铅笔在纸上画画，越简单越好。把画放在聚苯乙烯泡沫板上，并用圆珠笔将图案用力地描刻一遍。

2 检查圆珠笔印记是否深刻且清晰。如果有的地方不够清晰，就再描刻一遍。

4 用滚刷把颜料均匀地涂在泡沫板上，但不要涂太多，否则最终印好的小猫会变成大花脸。

5 把彩纸盖在泡沫板上，并用力按压。

你也可以创作有关家人和朋友肖像的版画。

3 用圆珠笔在泡沫板上添加一些纹理，使成品看起来更有趣。

6 小心地揭开彩纸，你的神奇版画就完成了。

所需材料：

- 白纸
- 铅笔
- 聚苯乙烯泡沫板
- 圆珠笔
- 丙烯颜料
- 滚刷 · 彩纸

回收利用塑料很简单，它们可以有很多其他的用途，比如填充玩具或者衣服。

什么是废弃物？

废弃物就是我们扔进垃圾桶里的东西，它们可能是报纸、旧衣物和塑料瓶。废弃物到处都是。别急着扔掉它们，重新利用一下，把它们变成奇妙的新东西吧！

在你扔掉旧杂志之前，先想想3R原则，即减量化（reduce）、再利用（reuse）和再循环（recycle）。如果我们不对废弃物进行循环利用，它们就只能被填埋或焚烧，这会污染地球。

别把这些东西扔进垃圾桶。

哪些废弃物我们可以再利用？

织物是极好的可再利用的材料。一些织物如羊毛取自天然的动物毛发，另一些织物如莱卡面料是合成的。别扔掉旧T恤衫，对它们进行改造吧。

织物

塑料是神奇的可再利用的材料。它们是以树脂为基础原料制成的，树脂可以是天然的，也可以是合成的。塑料需要数百年才能降解，所以尽量重复利用它们吧。

塑料

玻璃

纸张

玻璃是很好的可再利用的材料。事实上，玻璃需要超过100万年才能降解。翻到第60页，去发掘再利用玻璃的方法吧。

纸是完美的手工材料。回收利用纸张意味着减少树木砍伐，节约地球资源。

金属是绝妙的可再利用的材料。岩石经过粉碎、加热后提炼出金属。金属再利用可以使地球免于被挖空。

金属

再利用它们吧，因为循环利用废弃物就是在拯救地球！

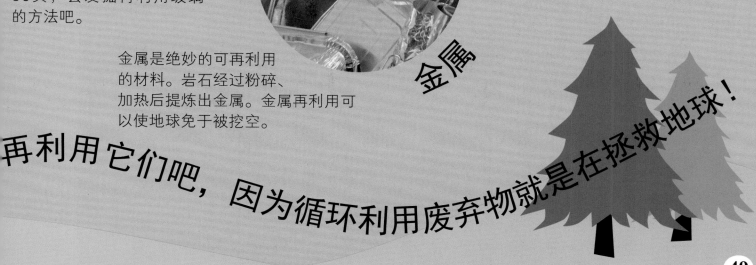

萨米蛇

这是萨米蛇，它是用蛋托做的。蛋托可以做成各种造型，现在尽情地去创作吧！

所需材料：

- 纸制蛋托·剪刀·画刷
- 绿色和黄色的广告颜料
- 木扦子·绣花针·绳子
- 眼睛贴·白乳胶·珠子
- 红色毛毡·两根小棍

1 请家长把蛋托一个一个地剪下来。做一条萨米蛇要用大约 26 个这样的蛋托。

4 给其中一个蛋托穿上绳子，并在绳子末端打结。然后在绳子上穿一颗珠子，再穿一个蛋托，重复此步，直到蛋托全部穿完。

你需要3根长约50厘米的绳子来做萨米蛇。

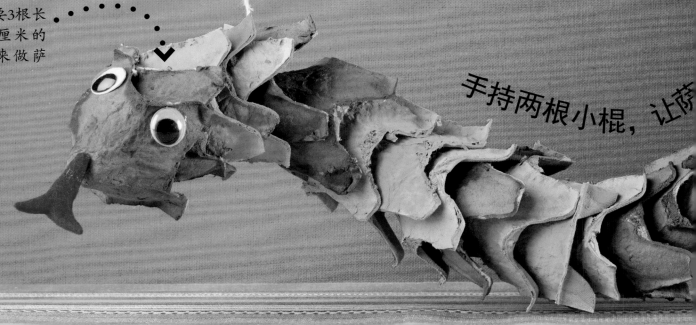

手持两根小棍，让萨

2 把其中 16 个蛋托涂成绿色，剩下的 10 个蛋托涂成黄色。把它们放在一旁晾干。

3 请家长用木扦子在每个蛋托的中心扎一个小孔。注意，木扦子应该刺向远离你身体的一侧。

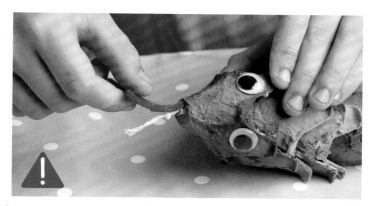

5 给绳子打结，并且末端留出大约 3 厘米的余量。下一步是做蛇信子。剪一块蛇信子形状的红色毛毡，用白乳胶粘在绳子末端。再在蛇头贴上两只圆鼓鼓的眼睛。

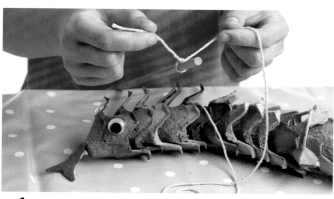

6 在萨米蛇头尾的 1/2 处各系一根绳子，再把绳子分别固定在两根小棍上。

米蛇舞动起来！

你可以用硬纸板、绒球和细铁丝创造出更多可爱的蛋托小动物。

勺子娃娃

勺子不仅能用来搅拌食物，还能变成漂亮的勺子娃娃。准备好毛毡、织物、饰品和亮片来装饰你的勺子娃娃吧！

你可以把认识的人甚至你自己当作模特来制作勺子娃娃。

所需材料：

- 描图纸 • 铅笔
- 剪刀 • 毛毡 • 蕾丝
- 亮片 • 木勺 • 饰品
- 大头针 • 缎带
- 白乳胶 • 毛根
- 眼睛贴 • 胶带
- 黑色和红色水彩笔

什么颜色的毛毡都可以。

1 比照第 79 页的模板，在描图纸上描出相应的形状，剪出纸样。用大头针把纸样固定在毛毡上，依照纸样剪毛毡。

2 剪出长约 12 厘米的缎带和蕾丝，用白乳胶把它们粘在裙子的底部。在裙子上抹几滴白乳胶，然后粘上亮片。

3 在木勺背面涂满白乳胶，然后把用毛毡做的头发和裙子粘在上面。注意裙子应正面朝上。

4 做胳膊：剪一段长约 20 厘米的毛根，用胶带把它固定在勺子正面，再用白乳胶粘在裙子背面。

5 接下来，给你的勺子娃娃画张脸吧。贴上眼睛，再画上鼻子、嘴和红扑扑的脸颊。

6 在娃娃的脖子和手腕处搭配闪闪发亮的饰品，再在另一只手臂上挂上用毛毡做的手包。

不要扔掉外卖里的勺子，把它们洗干净，然后做成可爱的手工艺品吧。

用一簇毛线做成勺子娃娃的头发。

用毛毡给勺子娃娃裁剪全套可爱的衣服。

把纸杯蛋糕的纸杯对折，做成勺子娃娃的漂亮裙子。

把扣子粘在垫纸上，做成精致的连衣裙。

勺子娃娃的超级秀

表演开始啦！来看看这些活灵活现、色彩缤纷的勺子娃娃。为你的家人和朋友来一场精彩的超级娃娃秀吧！

用带褶的布料做成美丽的晚礼服，再用羽毛做一顶夸张的帽子。

这个超酷的冰棍棒娃娃戴了一顶用糖纸折成的帽子。

搭建一座舞台来展示你的勺子娃娃们吧。用彩纸把盒子包住，请家长在盒子上切出一些开口，然后把勺子娃娃插在上面。

纸船

从杂志、地图到糖纸、壁纸，所有的纸都能折成漂亮的纸船。折很多纸船，然后翻到第58~59页，看看你能用它们创造出什么好玩的东西吧。

所需材料:
· A4纸大小的彩纸或花纹纸

开船喽！让这艘闪耀的手工船起航吧！

你可以折几条大船、几条中等大小的船和几条小船。

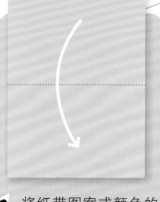

1 将纸带图案或颜色的一面朝上放置，然后上下对折。

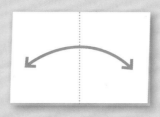

2 再将纸张左右对折，压实折痕后展开。

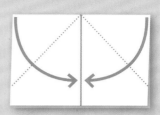

3 将位于上方的两个角折向中线，形成类似三角形的形状。

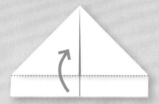

4 把底边向上翻折。

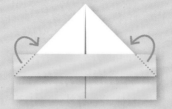

5 把底边上的两角折到类三角形的背面，然后把纸翻过来。

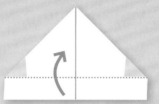

6 把另一个底边也向上翻折。

7 用手指撑开类三角形，并把它折成菱形。

8 把菱形的底角折向顶角，然后把纸翻过来，重复此步，得到一个新的三角形。

9 用手指撑开三角形，把它再次折成菱形。

10 如图所示，把菱形的顶角两端向左右两侧拉开，你的漂亮纸船就做好了。

1 用手整理纸船，压实船角，撑开船腹，使纸船的立体感更强，这样纸船就能立住了。

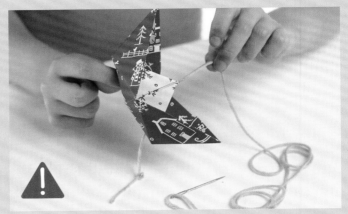

2 在纸船中间的尖角上穿一根长约90厘米的毛线，并在船底打结。

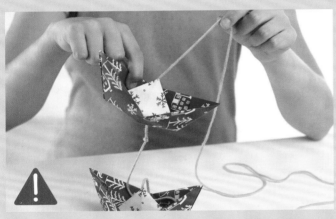

3 在毛线的1/2处再打个结，然后再穿一条纸船。重复步骤1~3，穿好另外3根毛线，每根毛线上穿两条纸船。

4 把两根木棍摆成十字，用一根长约240厘米的毛线把木棍的交叠处牢牢地绑在一起。

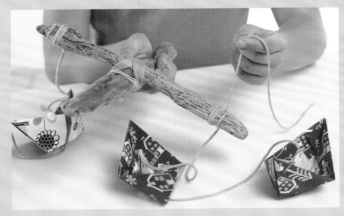

5 把穿好纸船的毛线分别绑在每根木棍的两端，并打结系牢。

6 从彩纸上剪下一些菱形纸片，把它们对折后做成船帆，并粘在毛线上。

在木棍中部系上一根毛线，然后把你的风铃挂在书架上吧。

纸船风铃

这种奇妙的纸船风铃是全方位展示你的纸船的最佳方式。

所需材料：

- 8条纸船 • 绣花针
- 毛线 • 剪刀
- 两根结实的木棍
- 彩纸 • 胶棒

你也可以用牛皮纸、铁丝和粉笔设计属于你自己的独一无二的纸船。

雪景球

在你的玩具箱里寻找大小适合装在玻璃罐里的塑料玩具，用它们来做雪景球吧。这是一个能让你那些陈放已久的玩具们重现光彩的绝妙方法。

1 请家长把一颗卵石粘在玻璃罐盖子的内侧，再把玩具粘在卵石上，使玩具具有一定高度。如果你不想用卵石，也可以直接把玩具粘在盖子内侧。把它们放在一旁晾干。

4 确保玻璃罐不会漏水。请家长在盖子内缘涂上强力胶，把盖子盖上并用力拧紧。

往水里加一勺甘油能让水变得黏稠。这样摇晃雪景球时，漂动的小亮片就会像飘落的雪花一样。

你可以用毛毡搭配塑料玩具。右图中恐龙玩具四周的绿色毛毡看上去像是茵茵绿草。

你也可以用对你有特

2 剪一张大小适合玻璃罐的卡片，然后按照你的想法进行装饰。把卡片包在胶带之间，并用手指挤掉胶带里的气泡，以防渗水。

3 把卡片放进玻璃罐里，然后往玻璃罐里加水。等水差不多到罐口时，往水里加一勺甘油和一勺小亮片。

5 剪出一块长条形毛毡，把它的上缘剪成波浪形，再把闪闪发亮的小圆片点缀在上面。用胶水把它粘在玻璃罐上，而后放置一旁，待胶水晾干。

6 摇晃玻璃罐，欣赏其中小亮片漫天飞舞的神奇景象吧！

所需材料：
- 卵石·带盖子的玻璃罐·强力胶
- 塑料玩具·剪刀·卡片·胶带
- 水·甘油·闪闪发亮的小圆片
- 毛毡·小亮片

殊意义的照片做雪景球的背景。

5、4、3、2、1，点火！

喷气背包

想飞向太空？那你需要一个这样的喷气背包。准备两个洗净的大号塑料瓶，然后按照下一页的步骤制作喷气背包，来一场奇妙的太空探险吧！

所需材料：

- 红色、黄色和橙色的棉纸
- 剪刀 · 绣花针 · 松紧带
- 电工胶带 · 硬纸板
- 黑色、黄色、灰色和红色的电线包布
- 2个大号塑料瓶
- 2个瓶盖
- 白乳胶

你可以给喷气背包安装更多控制钮——给瓶盖缠上灰色的电线包布即可。

用红色、黄色和橙色的棉纸剪出18张火焰形状的纸片，每张长约18厘米。

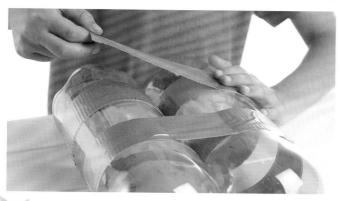

1 先在每个塑料瓶上缠两圈电工胶带。把两个塑料瓶并排放好，胶带对齐，用电工胶带把它们绑在一起，上下各缠一圈。

剪一块25厘米×16厘米的硬纸板

2 用电工胶带包住硬纸板。请家长在硬纸板的4个角用针钻出4个小孔，而后穿上松紧带做成背带，并在松紧带的末端打结。

3 把一片长约35厘米的电工胶带放在硬纸板的下半部分，带胶的一面朝上，然后用两片电工胶带固定。

4 把塑料瓶放在硬纸板上，并用上一步留下的长胶带的两端粘住塑料瓶。

5 把9张彩色火焰纸片依次排好，并用一片黑色的电线包布粘住纸片的底边，然后把这片电线包布缠在其中一个塑料瓶的瓶口上。用同样的方法把剩下的火焰纸片缠在另一个塑料瓶的瓶口上。

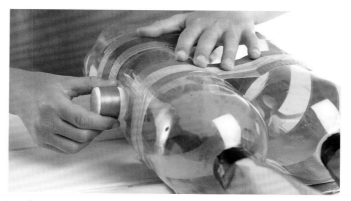

6 在塑料瓶身上的电工胶带上各缠一圈黄色和红色的电线包布。最后在两个瓶盖上缠上灰色的电线包布，并把它们粘在瓶身两侧。

外星飞船

这是一只鸟还是一架飞机？都不是，这是一艘神奇的外星飞船。用毛毡做成的奇特的外星朋友需要一艘拉风的飞船去旅行。最棒的是，这艘飞船是用废弃物做的。

所需材料：
- 锡纸条 • 剪刀
- 纸碗 • 塑料瓶
- 铅笔 • 胶棒
- 蓝丁胶 • 胶带
- 瓶盖 • 电线包布
- 两个记号笔的笔帽
- 透明的半球盖
- 两个外星人
- 强力胶

翻到第70~71页，看看怎样制作这些友好的外星人。

把胶水瓶盖粘在水瓶瓶盖里，为这艘外星飞船做个酷酷的操纵杆吧。

如果没有半球盖，也可以用透明的塑料容器代替。

剪出许多锡纸条，然后用它们把纸碗的外侧包起来。

1 请家长把塑料瓶的底部剪下来，扣在纸碗里，然后沿着塑料瓶的边缘画圆。

2 请家长把画好的圆剪下来。在锡纸条上涂满胶水，把它们粘在纸碗的外侧。

3 把塑料瓶底扣在纸碗里，并用胶带粘牢，然后把碗翻过来。

4 在瓶底粘上蓝丁胶，然后把两个记号笔的笔帽粘在蓝丁胶上。这下你的毛毡外星朋友们就有座位坐了。

5 在透明的半球盖的内外两侧各粘一片电线包布，将半球盖固定在纸碗和塑料瓶底上。

6 用强力胶把4个瓶盖粘在纸碗的四周。

7 最后，把两个用毛毡做的外星人放进飞船里，并套在笔帽上。

废弃物

外星人入侵！

毛毡既结实又轻便，可以用来制作手提袋、帽子和拖鞋等。

什么是毛毡？

毛毡是用羊毛制成的，但它不是像毛线那样纺织而成的，而是压制而成的。毛毡是完美的手工材料，因为它很容易剪裁和缝制，而且不易磨损。

翻到第70~71页，学习制作毛毡外星人。

毛毡是最古老的材料之一。数千年来，它被用来制作各种各样的东西，从地毯、衣物到鞋子、马鞍垫，用途十分广泛。

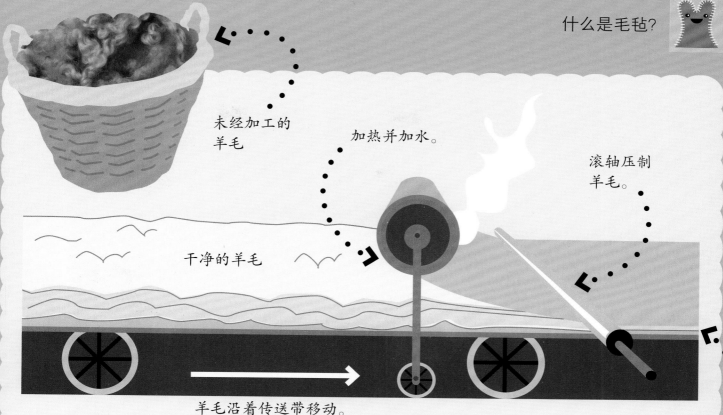

未经加工的羊毛

加热并加水。

滚轴压制羊毛。

干净的羊毛

羊毛沿着传送带移动。

毛毡

毛毡是怎样制成的？

未经加工的羊毛被清洗干净以后平铺在传送带上，通过热湿交换机，羊毛被加热，水分增加，然后用滚轴把羊毛压平，直到羊毛纤维紧密地粘连在一起，就做成了毛毡。

在过去，从事毛毡制品制作是很危险的！例如，制作毡帽的过程中要用到水银，制帽工匠会因吸入水银而中毒，出现不停地抽搐，以及失忆等可怕的症状。

蒙古包是帐篷的一种。毛毡是搭蒙古包的传统材料，具有防水、结实和保暖的优点。

这就是"疯帽匠"说法的由来。

毛毡

外星怪物

外星怪物登陆地球啦！不过别担心，这些友好的火星人是和平使者。用毛毡的边角料就能做出它们。把它们套在你的铅笔上吧。

不必使用颜色完全一样的毛毡。

所需材料:

- 描图纸
- 铅笔
- 彩色毛毡
- 剪刀
- 大头针
- 针和线

给佐尔克做一些同伴吧，

佐尔克

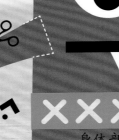

身体部分
剪两片

模板

照着这个模板，把佐尔克身体的各部分单独画在描图纸上，剪出纸样。

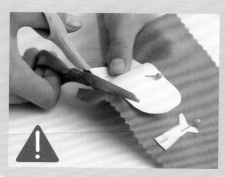

1 用大头针把纸样固定在毛毡上，然后用剪刀小心地沿着纸样边缘剪下毛毡。

2 把一个黑色的圆片放在另一个稍大的白色圆片上，然后把它们固定在外星人粉色的身体上。大约需要缝5针，外星人的眼睛就做好了。

3 用回针缝法（见第80页）在身体上缝两排黑线并固定牙齿。接下来，用十字缝法（见第80页）缝上蓝色长条形毛毡。

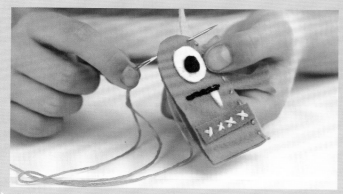

4 用平针缝法（见第80页）把两片身体的边缘缝起来，同时把胳膊和耳朵夹在两片粉色毛毡之间，并在线走到那些位置时，把它们缝在身体上。

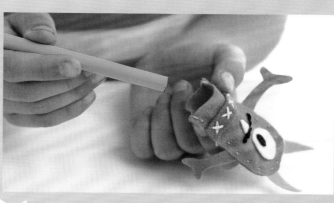

5 佐尔克的底边不要缝上，这样你就可以把它套在铅笔上了。

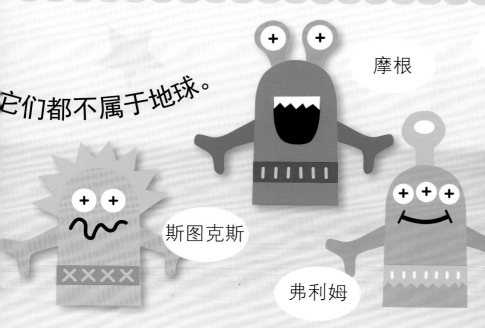

它们都不属于地球。

摩根

高尔基

斯图克斯

弗利姆

一旦你做好了佐尔克，就能做出更多属于你的外星人了。以此为灵感进行创作，或者把它们设计成你喜欢的怪诞样子，尽情发挥吧！

金牌

用毛毡制作一块象征着荣耀的金牌，然后把它献给对你来说特别的冠军吧。或者如果你做到了力所能及的最好，也可以给自己戴上奖牌，作为对自己的嘉奖！

配上一条戴起来会很舒服的漂亮丝带。

你会把金牌献给谁呢？

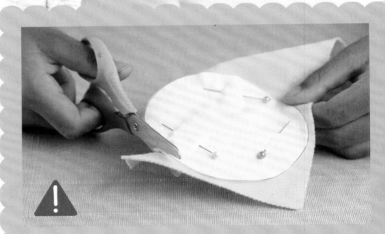

1 用大头针把 3 张大圆纸样分别固定在橙色、白色和黄色的毛毡上，把稍小的圆纸样固定在橙色的毛毡上，然后沿纸样边缘小心地剪下毛毡。

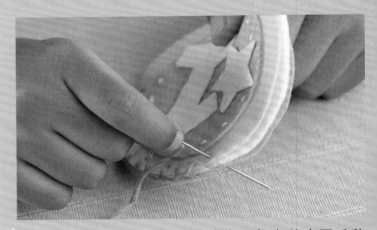

4 把黄色的大圆毛毡摞在白色和橙色的大圆毛毡上，然后用包边缝法（见第 80 页）把 3 个大圆毛毡的边缘缝在一起。

模板

金牌

所需材料：

- 描图纸
- 铅笔·圆规
- 剪刀·毛毡
- 大头针·尺子
- 针和线·丝带

在描图纸上描出模板上的形状，用圆规在描图纸上画3个直径为10厘米的圆和1个直径为8厘米的圆，然后剪出纸样。用大头针把纸样固定在毛毡上，然后沿着纸样的边缘剪毛毡。

2 用平针缝法把白色的数字"1"和白色的星星缝在橙色的小圆毛毡上。

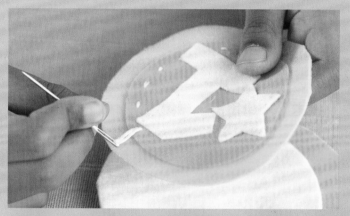

3 用平针缝法把橙色的小圆毛毡缝在黄色的大圆毛毡上。

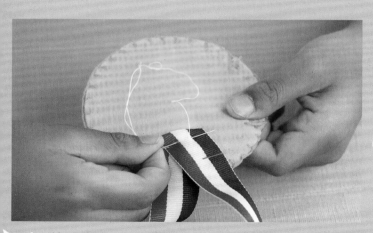

5 剪一段丝带，长度要足够环绕脖子。对折丝带，用平针缝法把它缝在金牌背面。

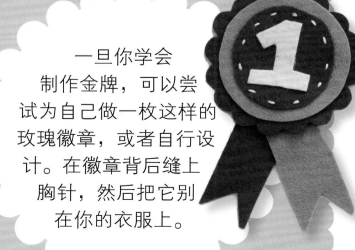

一旦你学会制作金牌，可以尝试为自己做一枚这样的玫瑰徽章，或者自行设计。在徽章背后缝上胸针，然后把它别在你的衣服上。

啾啾!

毛毡

沙包鸟

这只沙包鸟的制作过程很有趣。在这个过程中，你需要用到一些基本的缝针法。做好以后，你能用它扔沙包、变戏法、办展览，或者抱着它睡觉。

你还可以用羽毛来装饰沙包鸟。

做出很多不同颜色的沙包鸟，然后翻到第76~77页

看看有哪些用沙包鸟玩的游戏吧。

如果不想缝，你也可以用胶水把花布和毛毡粘在沙包上。

缝制沙包鸟的身体时，首先需要剪一块40厘米×20厘米的毛毡。

所需材料：

• 描图纸 • 大头针
• 剪刀 • 彩色毛毡
• 花布 • 针和线
• 大米 • 纽扣

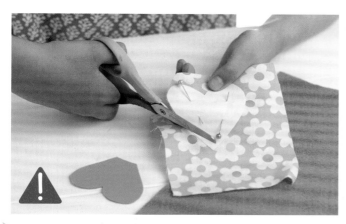

1 参照第 79 页的模板，在描图纸上描出形状，剪出纸样。用大头针把纸样固定在毛毡和花布上，沿纸样边缘剪出相应的形状。

2 把一块长方形的毛毡对折，用包边缝法把它缝成一个口袋。

3 往缝好的口袋里小心地倒入 2/3 的大米。

4 捏住口袋开口的两侧，把口袋变成三棱锥，然后用包边缝法把开口缝起来。

5 用平针缝法在沙包顶部锁边的背面缝上心形的毛毡鸡冠。然后把两个三角形毛毡叠在一起，用平针缝法缝在沙包前端做喙。

6 在沙包一侧缝上一颗纽扣做眼睛。最后用平针缝法在眼睛下方缝上一块心形花布做沙包鸟的翅膀。大功告成！

沙包鸟游戏

等你做好很多沙包鸟以后，就可以开始玩沙包鸟游戏了。叫上你的小伙伴，准备一个篮子，然后站到远处，轮流朝篮子里扔沙包鸟。你能扔进几个？来场比赛吧，扔进最多的人获胜。

叽叽！

模板

这些模板有助于你完成本书中的一些手工活动。

狮子面具

在描图纸上描出这些制作狮子面具的模板，剪下纸样。把纸样放在彩色卡片上，剪出相应的形状。

见第6~7页

耳朵×2（棕色）

耳朵外缘×2（黄色）

眼睛×2（深棕色）

鼻子×1（米色）

沿虚线折纸

脸颊×2（棕色）

下巴×1（米色）

沙包鸟

见74~75页

在描图纸上描出这些制作沙包鸟的模板，剪下纸样。用大头针把纸样固定在毛毡和花布上，剪出相应的形状。

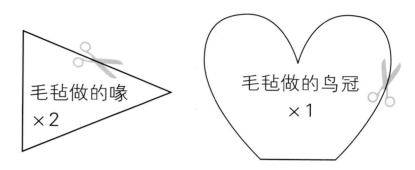

花布做的心形翅膀×1

毛毡做的喙×2

毛毡做的鸟冠×1

勺子娃娃

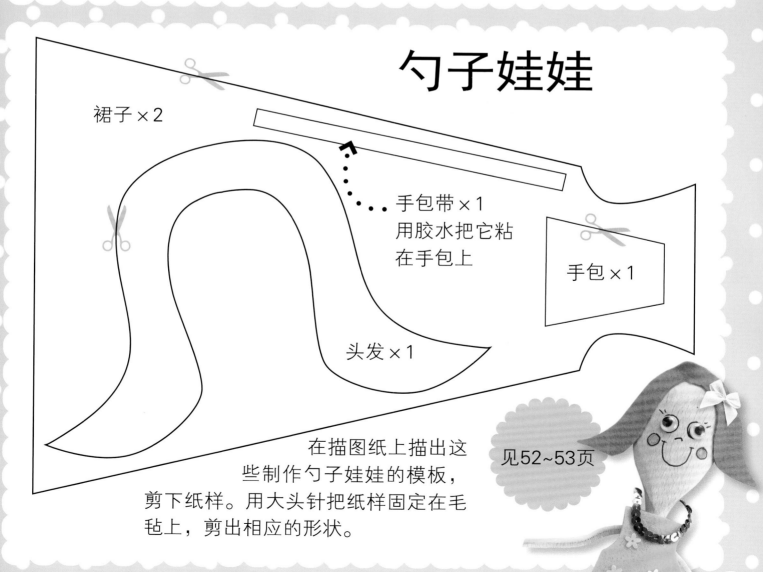

裙子×2

手包带×1
用胶水把它粘在手包上

手包×1

头发×1

在描图纸上描出这些制作勺子娃娃的模板，剪下纸样。用大头针把纸样固定在毛毡上，剪出相应的形状。

见52~53页

缝针法

下述缝针法在书中多个手工项目中都会用到。

平针缝

这是最常用的缝针法，常用于接缝、把布缝在一起以及做褶裥。

从布的正面进针，往前约0.5厘米出针，而后拉线。

保持针脚小而均匀。

回针缝

回针缝是一种非常牢固的缝针法，会形成一排紧连的密实针脚，所以常用于缝对牢固程度要求较高的两块布。

从布的正面出针后，往回倒一针。

在布的背面往前约1厘米出针。

完成后的样子。

十字缝

十字缝是为你的手工作品锦上添花的一种缝针法。

先斜着缝一针，然后反向再斜着缝一针，形成一个叉。

从毛毡的正面出针，开始缝下一个叉。

完成后的样子。

包边缝

包边缝是一种防止布边脱纱、装饰布边以及贴布绣的上佳缝针法。

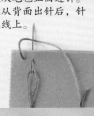

从毛毡正面出针，把线拉出，然后在第一针的旁边从毛毡正面进针。确保从背面出针后，针压在线上。

向上拉线，然后继续。

保持针脚均匀且平整。

索引

致谢

With thanks to: Jennifer Lane for additional editing, MaSovaida Morgan for assisting at a photo shoot, and Carrie Love and James Mitchem for proofreading. With special thanks to the models: Isabella and Eleanor Moore-Smith, Cinnamon Clarke, Sol Matofska-Dyer, Miia Newman-Turner, Kaylan Patel, Isabella Thompson, Eva Menzie, Kathryn Meeker, and Jo Casey.

All images © Dorling Kindersley